神奇的核桃
——果壳里的智慧

杨新泉　主编

U0219460

中国农业大学出版社
China Agricultural University Press
·北 京·

内容简介

　　《神奇的核桃——果壳里的智慧》是一部兼具知识性与实用性的科普佳作，深入剖析了核桃及其衍生产品的魅力。

　　开篇，您将会踏上核桃的探秘之旅，深入探索其品种分类与种植情况，揭示核桃背后的故事。随后，本书详细解析了核桃仁的制取工艺与营养价值，让您领略核桃的美味与营养。同时，核桃酱、核桃油、核桃油甘油二酯食用油等衍生产品也逐一登场。本书为您分享了核桃及其衍生产品选购与食用的实用技巧。

　　《神奇的核桃——果壳里的智慧》不仅是一本科普读物，更是一本实用手册。通过阅读本书，您将领略核桃果壳里的智慧与营养，享受健康与美味的双重馈赠。

图书在版编目（CIP）数据

　　神奇的核桃：果壳里的智慧 / 杨新泉主编. -- 北京：中国农业大学出版社，2024.10. -- ISBN 978-7-5655-3302-0

　　Ⅰ.S664.1

　　中国国家版本馆CIP数据核字第2024R7T089号

书　　名	神奇的核桃——果壳里的智慧
	Shenqi de Hetao—Guoke Li de Zhihui
作　　者	杨新泉　主编

策划编辑	张秀环	责任编辑	张秀环　刘学楚
封面设计	中通世奥图文设计中心		
出版发行	中国农业大学出版社		
社　　址	北京市海淀区圆明园西路 2 号	邮政编码	100193
电　　话	发行部 010-62818525，8625	读者服务部	010-62732336
	编辑部 010-62732617，2618	出　版　部	010-62733440
网　　址	http://www.caupress.cn	E-mail	cbsszs@cau.edu.cn
经　　销	新华书店		
印　　刷	涿州市星河印刷有限公司		
版　　次	2024 年 10 月第 1 版　　2024 年 10 月第 1 次印刷		
规　　格	130 mm×185 mm　　32 开本　　3.375 印张　　36 千字		
定　　价	58.00 元		

图书如有质量问题本社发行部负责调换

编写人员

主　编　杨新泉

副主编　于　军　张　强　张　磊

参　编（按姓氏拼音排序）

　　　　陈洪建　董　娟　李聪方

　　　　申迎宾　王　萍　徐　鑫

序

　　近年来，随着生活水平不断提高，人们对食物的需求从吃得饱转向吃得好、吃得健康，对养生、健康、保健的需求进一步提升，对于食品精准营养的要求不断提高。核桃是人类栽培和收获的最古老的坚果类型之一，也是当前世界上种植面积最大的坚果树种。我国核桃栽培和利用的历史悠久，普及性广，核桃的营养保健功能已经深入人心。国内很多科研工作者在核桃的营养功能以及精深加工方面开展了大量的研究工作，产生了大量的研究成果，并通过学术论文、学术专著等形式进行了公开发表，开发的相关加工产品也逐步通过生产企业进行落地转化后推向市场。由于相关学术成果内容大多太过专业，普通消费者不能很好地从中汲取相关信息，并充分了解核桃及其加工产品的营养功效，从而容易被网络上各种信息误导。

　　科普工作是社会文明进步的重要保证，为了更好地向大众普及核桃及其精深加工产品的营养功能，编写团队从专业的角度，用通俗易懂的语言，加上生动的卡通形象，从核桃的营养价值出发，较全面地介绍了核桃及其产品的来源、功能、营养价值。本书直观地将核桃产品的营养价值、食用方式汇集在纸面上，又全面地归纳了各样核桃加工产品及其加工手段，并辅以简单且辨识度高的核桃产品选择方法，使大家能够轻松选择质量好的核桃产品，并且正确、健康地食用核桃产品。

　　这本科普读物的出版发行，将有助于读者全方位了解核

桃及其精深加工产品。读者要想更深入地了解核桃，还可到核桃种植园、核桃加工厂等去身临其境感受，了解更多有关食品原料生产、食品营养、食品安全的知识。

（孙宝国）

2024 年 9 月 9 日

引　言

　　在我们的日常生活中，饮食与健康之间存在着密不可分的关系。不合理的饮食可能导致肥胖、高血压、糖尿病等多种疾病。良好的饮食不仅有助于维持身体健康，还能预防多种疾病。随着生活水平的提高，人们对于饮食的重视程度也越来越高，选择什么来源的食物，以及什么样的食物形式更有利于健康已经成为热门话题。

　　选对食物，才能吃出健康，但是现在的食物那么多，该如何科学正确地选择那些对健康有利的食物呢？

　　核桃，中文学名胡桃，原产于欧亚大陆的巴尔干至中国西南部地区。核桃的营养价值很高，含有丰富的蛋白质、脂肪、碳水化合物、多种微量元素和矿物质，以及胡萝卜素、核黄素等多种维生素。研究发现，核桃仁中含有人体必需的全部氨基酸，且完全蛋白质（也称优质蛋白质，是指含有人体所需的全部九种必须氨基酸且比例适宜的蛋白质）含量高达 81%；并且核桃中超过 30% 的蛋白质小于 200 个氨基酸为短链蛋白质，更易被水解为人体所需的功能活性肽。可以说核桃是最佳食物来源之一。《本草纲目》记载，核桃补气养血，润燥化痰，益命门，利三焦，温肺润肠，治虚寒喘嗽、腰部重痛。核桃被誉为"养生之宝""万岁子""长寿果"，核桃健脑功能已获世界顶级期刊《柳叶刀》的权威认证。核桃仁含有高达 60% 以上的油脂，而且亚油酸和亚麻酸比值在 8 左右，恰好为婴儿食品推荐的亚油酸和亚麻酸比值范围的中值。亚油酸对肌肤美容和健脑益智有重要作用。核桃含

有丰富的 B 族维生素和维生素 E，有助于防止细胞老化，对心血管疾病也有预防作用。为了让大众更多地了解核桃，了解核桃的营养价值，我们撰写了这本科普读物，以通俗易懂的语言和漫画形式介绍核桃的概况、营养成分、健康功效、食用方法以及选购技巧等方面的知识。通过这些科普知识的传播，希望能让大众消费者了解核桃、科学认知核桃的营养价值、安全选择核桃产品，为健康和高品质生活加油。

各章节的编写工作汇聚了多位专家学者的智慧与力量。塔里木大学的王萍副教授负责撰写第一章、第七章与第九章；石河子大学的董娟教授撰写第二章、第三章；湖北大学的陈洪建副研究员撰写第四章、第五章；扬州大学的徐鑫教授撰写第六章、第八章；广州大学的申迎宾副教授撰写第十章；喀什光华现代农业有限公司李聪方负责图片的审核。本书由杨新泉研究员担任主编，于军教授、张强研究员和张磊副研究员担任副主编，负责总体内容的统筹规划和学术指导。本书由中国工程院院士孙宝国作序。此外，本书撰写过程中，得到了喀什光华现代农业有限公司的大力支持，同时也得到新疆维吾尔自治区科技重大专项"新疆核桃油精深加工关键技术研究"（项目编号：2022A02004）的资助，以及深圳市敬云网络科技有限公司的设计支持。

感谢为本书的撰写付出辛勤劳动的所有人。由于自身水平和经验有限，书中不足之处在所难免，还请读者和专家不吝指正。

杨新泉

2024 年 7 月

目　录

第一章　认识核桃
"智慧的果实"

核桃

中文学名：胡桃

拉丁学名：*Juglans regia* L.

胡桃科胡桃属植物

核桃，分布于中亚、西亚、南亚和欧洲。在许多国家的历史中都是一种充满神秘性质与奇幻力量的果实！在中国主要分布于西部地区。

在中国文化中，核桃寓意阖家幸福，四季平安。
在古希腊和罗马文化中，核桃被视为象征着智慧和丰饶的神圣果实。古希腊人认为炖核桃吃可以提高生育能力。罗马人认为核桃代表家族繁荣兴旺。
核桃在不同地域文化中的寓意千差万别。
俄罗斯和意大利则将核桃装在口袋里当作护身符。
高加索地区和伊朗认为核桃叶水洗手可以辟邪。

核桃当然没有这么夸张的能力，但它确实从果仁到外壳都拥有丰富的营养和药用价值。

世界上的亚热带地区基本都有胡桃科植物分布，品种达数百种。胡桃属植物分为 3 组，共 20 多种。

国内外优质核桃品种有：强特勒（Chandler；美国）、希尔（Serr UC59-129；美国）、福兰克蒂（Franquette；法国）、温 185（中国，新疆）、清香（中国，甘肃、陕西等）、大姚（中国，云南）、香玲（中国，陕西等）。

乌克兰　　美国　　伊朗　　中国　　土耳其　罗马尼亚

目前核桃的分布和栽培遍及亚洲、欧洲、拉丁美洲、非洲和澳洲等 50 多个国家和地区。其中中国、美国、土耳其、伊朗、乌克兰和罗马尼亚为世界核桃六大生产国。

中国是全球第一大核桃生产国，核桃在云南、新疆、四川、陕西、河北、黑龙江、辽宁、天津、北京、山东、山西、宁夏、青海、甘肃、河南、安徽、江苏、湖北、湖南、广西、贵州及西藏等22个省（自治区、直辖市）均有分布。

云南　　　新疆

2021年，中国核桃种植面积为745.49万公顷，产量达到540.35万吨，其中云南和新疆种植面积分别为300.85万公顷和43.12万公顷，产量分别为159.86万吨和119.69万吨，二者合计产量占全国总产量的51.73%。

其他
260.8 万吨

云南
159.86 万吨

新疆
119.69 万吨

核桃种植大省还有四川、陕西等。

中国的核桃属可分为3组9个种

```
                                        ┌ 普通核桃
              核桃组（又名胡核桃组）<
             ╱                          └ 泡核桃
  核桃 ──核桃楸组（又名胡桃楸组）
             ╲
              黑核桃组
```

普通核桃

泡核桃

普通核桃和泡核桃是我国分布最广、栽培历史最悠久、种质资源最丰富的两个种。

普通核桃，又名胡桃，品种多样，在我国南北方广泛种植。泡核桃，又名深纹核桃、铁核桃，主要种植于我国西南地区，包括云南、贵州、四川等。

核桃楸又名胡桃楸、东北核桃、楸子核桃，主要分布于我国东北地区。

新疆核桃是我国核桃的一个重要地理生态型。新疆地处亚欧大陆腹地，占据中亚要塞，因而分布着与吉尔吉斯斯坦、塔吉克斯坦和哈萨克斯坦等国家相似的栽培种和野生种。不同于我国其他产区的栽培种，新疆核桃起源于同区域野生种，并且存在地区间的基因交流。

新疆是我国核桃主产区之一，栽培核桃主要分布于环塔里木盆地的绿洲区，包括阿克苏、和田和喀什等地，独特的地理环境和气候特征，造就了新疆核桃特有的品质特征，薄皮核桃是典型代表性品种。

核桃坚果产品

核桃仁产品

核桃油产品

目前我国核桃初加工产品主要以制干做坚果或核桃仁为主。而核桃深加工产品则以核桃油最为常见。

导购小贴士

挑

挑选核桃产品时，看核桃种仁颜色，以淡黄色为佳。

闻

闻味判断核桃是否新鲜，以没有任何异味为佳。

掂

掂轻重，同样小，重的为佳

听

听声音，核桃碰撞，声音厚实为佳。

本章小贴士

● 核桃属于多中心起源树种，中国是世界核桃原产中心之一。

● 核桃在不同地域文化中的寓意千差万别。在中国文化中，核桃寓意阖家幸福，四季平安。在古希腊和罗马文化中，核桃被视为象征着智慧和丰饶的神圣果实。

● 世界上的亚热带地区基本都有胡桃科植物分布，品种达数百种。中国是全球第一大核桃生产国，核桃在云南、新疆、四川、陕西等 22 个省（自治区、直辖市）均有分布。

● 普通核桃和泡核桃是我国分布最广、栽培历史最悠久、种质资源最丰富的两个种。普通核桃，又名胡桃，品种多样，在我国南北方广泛种植。泡核桃，主要种植于我国西南地区，包括云南、贵州、四川等。

● 新疆核桃是我国核桃的一个重要地理生态型。新疆是我国核桃主产区之一，栽培核桃主要分布于环塔里木盆地的绿洲区，包括阿克苏、和田和喀什等地，独特的地理环境和气候特征，造就了新疆核桃特有的品质特征，薄皮核桃是新疆典型代表性品种。

● 选购时看核桃种仁颜色，以淡黄色为佳；闻味判断核桃新鲜度，以没有任何异味为佳；掂轻重，同样大小，重的为佳；听声音，核桃碰撞，声音厚实为佳。

根据 2021 年统计，我国核桃种植面积为 745.49 万公顷，核桃初加工产品主要以制干做坚果或核桃仁为主，而核桃深加工产品则以核桃油最为常见。

第二章　核桃仁
"小小果仁　大大营养"

想吃核桃仁，可不能用牙咬开呀！

核桃仁是核桃的果仁，被保护在坚硬的核桃壳内果皮中。它由两片呈脑状的子叶构成，直径 1～3 厘米，凹凸不平，种皮薄，颜色为淡棕色至深棕色，有深色纵脉纹。

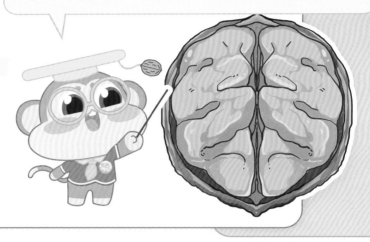

核桃仁的制取方法通常有两种。

若家庭食用，可用锤子在核桃四周轻轻敲打，破壳后即可取出完整的核桃仁。

除非你的技巧纯熟，否则打开核桃时，核桃仁大多破碎成不规则块状。核桃仁为乳白色或黄白色，富油脂，味微香甜，种皮微涩。

若是商品生产，则需对核桃进行机械脱壳、清洗、除虫、分筛等处理。

结合核桃的成熟度与大小规格选用合适的机械

将核桃送入流水线上挤压，就会得到核桃仁与核桃碎壳的混合物，之后将核桃仁与核桃碎壳一起送入筛网，实现核桃仁与碎壳的分离，最后由人工捡除未筛净的核桃外壳，即可得到核桃仁。

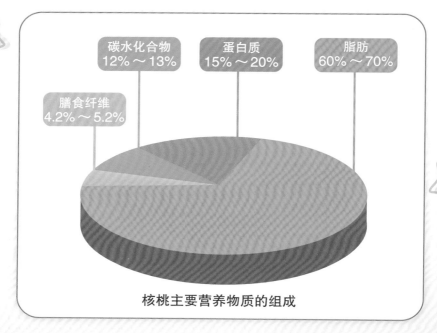

膳食纤维
4.2%～5.2%

碳水化合物
12%～13%

蛋白质
15%～20%

脂肪
60%～70%

核桃主要营养物质的组成

核桃仁富集了核桃的主要营养物质，含有脂肪、蛋白质、碳水化合物、膳食纤维等多种营养物质。其中含量最高的是脂肪，为 60%～70%，蛋白质含量为 15%～20%，碳水化合物含量为 12%～13%，膳食纤维含量为 4.2%～5.2%。核桃中含量较高的维生素为维生素 C，其次是 B 族维生素；核桃仁所含矿物质种类十分丰富，其中钾、镁、钙含量较高。

健脑益智

缓解疲劳

预防失眠

改善肾功能

调节糖脂代谢

核桃仁具有健脑益智的效果，可以缓解疲劳、预防失眠、改善肾功能，还可通过调节糖脂代谢来改善糖尿病、心脑血管疾病、脂肪肝等。

李时珍的《本草纲目》中记述，核桃仁有补气养血，润燥化痰，益命门，利三焦，温肺润肠，治虚寒喘咳、腰部肿疼、心腹疝痛、血痢肠风等功效。

导购小贴士

购买时可通过以下几种方法判断核桃仁品质的优劣

你这核桃品质不行啊！

望

外部褐色表皮色泽艳、饱满，说明核桃品质较好，若核桃仁呈黑色、棕色或者有黑斑，则不宜购买。

嗯～树木的香气！

闻

好的核桃闻起来有淡淡的木香，若气味刺鼻则核桃可能被双氧水泡过；如果核桃仁闻起来有过期油脂的哈喇味，则说明核桃仁已经氧化变质。

触

剥除核桃仁的核桃衣时注意观察核桃衣和手指是否粘连，核桃衣内侧是否有一层透明薄皮，且手指上是否有一层油，若是三者都有，则核桃品质较好。

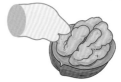

尝

将核桃仁放进口中咀嚼，若又香又脆，且无其他怪味，则核桃仁品质较好；若味道不纯或有怪味，则不宜购买。

核桃仁既可生食也可熟食，生食营养价值更高。因为核桃仁中的不饱和脂肪酸和磷脂加热后会受到一定程度的破坏，无法发挥作用。

食用核桃仁时不宜剥除表面的褐色核桃衣，否则会使核桃仁部分营养流失。另外需要注意，核桃仁不宜与酒同食哦！

本章小贴士

- 核桃仁是核桃壳内的果肉，由两片呈脑状的子叶构成，凹凸不平，种皮薄，具有健脑益智的效果，可以缓解疲劳、预防失眠、改善肾功能，还可通过调节糖脂代谢来改善糖尿病、心脑血管疾病、脂肪肝等。

- 核桃仁富集了核桃的主要营养物质，含有脂肪、蛋白质、碳水化合物、膳食纤维等多种营养物质。其中含量最高的是脂肪，为 60% ~ 70%；蛋白质含量为 15% ~ 20%；碳水化合物含量为 12% ~ 13%；膳食纤维含量为 4.2% ~ 5.2%。核桃中含量较高的维生素为维生素 C，其次是维生素 B 族；核桃仁所含矿物质种类十分丰富，其中钾、镁、钙含量较高。

- 李时珍的《本草纲目》中记述，核桃仁有补气养血，润燥化痰，益命门，利三焦，温肺润肠，治虚寒喘咳等功效。

- 核桃仁既可生食也可熟食，生食更有营养价值。因为核桃仁中的不饱和脂肪酸和磷脂加热后会受到一定程度的破坏，无法发挥作用。

- 好的核桃闻起来有淡淡的木香，若味道刺鼻则核桃可能被双氧水泡过；如果核桃仁闻起来有哈喇味，则说明核桃仁已经氧化变质。

第三章 核桃酱

"吃面包你抹什么酱呀？"

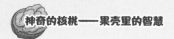

聪聪最喜欢核桃酱哦！

就是这个味儿！

核桃酱由熟制的核桃仁研磨制成，味道醇厚回甘，具有丰富的营养价值和独特的食用风味。

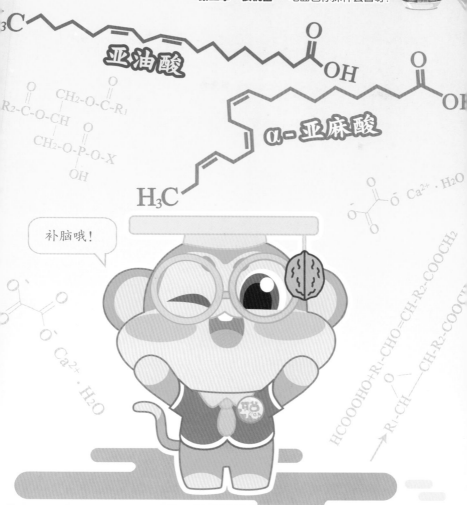

核桃仁含有丰富的蛋白质、不饱和脂肪酸、磷脂以及钙、铁、锌等矿物元素，还含有适量的膳食纤维和维生素，可以延缓衰老，预防动脉硬化，同时还具有健胃、补血、润肺、养神等功效。核桃酱中的不饱和脂肪酸包括亚油酸和亚麻酸，都是大脑组织细胞的主要结构脂肪。

核桃中的 ω-3 脂肪酸含量是所有坚果中最高的，有助于人体摄入的脂肪酸平衡，对健康大有好处。

核桃酱相较核桃粉、核桃植物奶等产品来说,食用方法更多,除了能像花生酱、芝麻酱那样涂抹在面包、馒头上外,还可以泡燕麦、拌沙拉、打奶昔、做甜品……在改善食品风味的同时,提高人体营养素的摄入,满足不同人群的需求。

购买时可通过以下几种方法判断核桃酱品质的优劣:

选

避免挑选有过多浮油的核桃酱。浮油越多说明核桃酱出厂时间越久,核桃酱越不新鲜。

怎么回事,核桃酱都分层了!

查

要注意核查核桃酱瓶身上的生产厂家、生产地址、核桃酱名称、生产日期、保质期、配料等信息,避免购买到临期、过期或者"三无"核桃酱。

名称:
配料:
保质期:
生产厂家:
生产地址:
生产日期:

闻

新鲜的核桃酱具有浓郁的核桃香气,没有其他杂入的气味,选购时要辨别核桃酱的气味是否纯净。若有哈喇味,则说明核桃酱已氧化变质。

核桃酱味甘、性温

普通人群均可食用

肾虚腰痛者适宜食用

注意：核桃酱与芝麻酱中均含有丰富的油脂、膳食纤维，应避免两者大量同食，否则会引起胃胀、腹泻等不适。

本章小贴士

- 核桃酱是由熟制的核桃仁研磨制成的食品，具有丰富的营养价值和独特的食用功能。其中包含丰富的蛋白质、不饱和脂肪酸、磷脂以及钙、铁、锌等矿物质元素，还含有适量的膳食纤维和维生素，可以延缓衰老，预防动脉硬化，同时还具有健胃、补血、润肺、养神等功效。核桃酱中的不饱和脂肪酸包括亚油酸和亚麻酸，都是大脑组织细胞的主要结构脂肪。

- 核桃酱味甘、性温，普通人群均可食用，肾虚腰痛者适宜食用。核桃酱与芝麻酱中，均含有丰富的油脂、膳食纤维，应避免两者大量同食，否则会引起胃胀、腹泻等不适。

营养丰富

新鲜纯正

核桃油 Ω

口感清淡

易消化吸收

这是核桃油，以核桃仁为原料加工制成的油脂，属于植物油的一种，新鲜纯正、营养丰富、口感清淡，易消化吸收，是儿童发育期、女性妊娠期及产后康复的高级保健食用油哦。

核桃的油脂含量为60%～70%，居所有木本油料之首，有"树上油库"的美誉。

国家标准核桃油（GB/T 22327—2019）中将核桃油分为核桃原油和成品核桃油。

核桃原油是指采用压榨、浸出等方式从油用核桃中获得的油脂，符合原油质量标准和食品安全国家标准，是不能直接食用的核桃油。

成品核桃油是指由油用核桃或核桃原油加工制成，符合成品油质量指标和食品安全国家标准，可供食用的油品。

压榨法

水代法

水酶法

超临界流体萃取法

亚临界流体萃取法

溶剂浸出法

核桃油制取的方法主要有压榨法、水代法、水酶法、超临界流体萃取法、亚临界流体萃取法、溶剂浸出法等，由于水代法、水酶法生产效率低，超临界流体萃取法生产成本高，溶剂浸出法和亚临界流体萃取法存在溶剂残留，多数企业选择压榨法生产核桃油。其中压榨法又因压榨机机械型式不同分为螺旋压榨、液压压榨、板框压滤等方法。

螺旋压榨

液压压榨

压榨法

板框压滤

因核桃含油率较高，螺旋压榨设备会出现"滑膛"问题，虽然可以连续生产，但出油率较低。

这可咋办？

液压压榨因为无法连续工作，生产效率会受到影响。
板框压滤设备对核桃仁前处理要求较高，但可以实现高压、低温、连续化生产，生产的产品品质也较高。

从营养学上来说，不饱和脂肪酸具有更高的营养价值。而核桃油中不饱和脂肪酸含量达 90%，并以亚油酸、油酸和 α-亚麻酸为主，其中必需脂肪酸亚油酸含量为 50% ～ 60%，α-亚麻酸含量为 10% 左右。

不同国家或地区的核桃油主要脂肪酸组成存在差异。除上述脂肪酸外，核桃油中还发现了 C16：1、C17：0、C20：0、C20：1 和 C22：0 等微量脂肪酸的存在。

研究发现，亚油酸、α-亚麻酸的每日摄入比例对健康具有重要意义，当亚油酸与α-亚麻酸摄入比例为（4～6）：1时，人体可保持较好的代谢状态。

$4～6$: 1

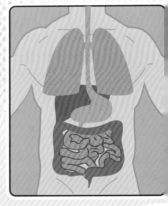

据调查，我国膳食脂肪酸日摄入量中，亚油酸与α-亚麻酸之比为（8～10）：1，α-亚麻酸平均每日摄入量仅为0.4克，不足世界卫生组织的推荐量每日1克的一半。

α-亚麻酸

亚油酸

核桃油中，亚油酸与α-亚麻酸含量之比约为5：1，达到了黄金比例，是食用油中的平衡亚油酸与亚麻酸日摄入量的优质选择。

让宝宝皮肤又嫩又滑!

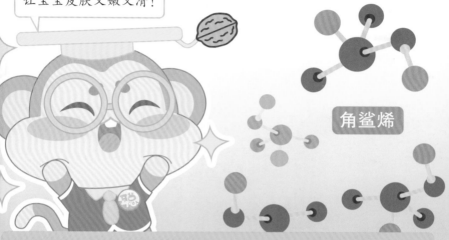

角鲨烯

核桃油中除甘油三酯外,还含有生育酚、多酚、植物甾醇和角鲨烯等具有生理活性的微量伴随物。

高含量的不饱和脂肪酸和有益脂质伴随物使核桃油具有抗氧化、降血脂、改善动脉粥样硬化、降低胆固醇等生理活性。

此外研究表明,核桃油能够改善脑缺血,促进睡眠、抗疲劳和提高记忆力。

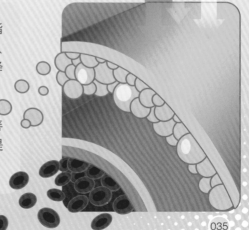

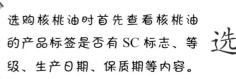

导购小贴士

选购核桃油时首先查看核桃油的产品标签是否有 SC 标志、等级、生产日期、保质期等内容。

选

察

其次观察颜色，核桃油的颜色一般为浅黄色至黄色，二级核桃油可能为棕黄色，油瓶中有轻微浑浊或者沉淀属于正常现象。

闻 打开后可以闻核桃油是否有异味产生，优质核桃油会散发出柔和的核桃香气，无异味。

尝 最后可品尝判断，优质核桃油口感清新淡雅，无刺激口感，天然温和。若核桃油出现异味或者刺激口感，说明此核桃油不宜食用。

核桃油由于富含多不饱和脂肪酸，容易氧化变质，开盖后须在 1 ～ 2 个月内食用完。条件允许情况下核桃油开盖后放入冰箱保存，切勿将核桃油开盖后存放于高温灶台上、阳光直晒等条件下，会大幅缩短核桃油保质期。

开盖后尽快使用，不要浪费哦！

核桃油用于凉拌、炒菜、煲汤、清蒸均可，在日常炒菜时，建议热锅冷油，烹饪时间短，最大限度地保护营养成分。

热锅冷油，给家人锁住营养～

切勿用核桃油长时间高温煎炸，容易使油脂劣化。

本章小贴士

● 核桃油是指以核桃仁为原料加工制成的油脂，属于植物油的一种，制取的方法主要有压榨法、水代法、水酶法、溶剂浸出法及超临界流体萃取法、亚临界流体萃取法等。

● 核桃油中不饱和脂肪酸含量达 90%，以亚油酸、油酸和 α-亚麻酸为主，其中必需脂肪酸亚油酸含量为 50% ～ 60%，α-亚麻酸含量为 10% 左右。

● 核桃油中除甘油三酯外，还含有生育酚、多酚、植物甾醇和角鲨烯等具有生理活性的微量伴随物。高含量的不饱和脂肪酸和有益脂质伴随物使核桃油具有抗氧化、降血脂、改善动脉粥样硬化、降低胆固醇等生理活性。此外研究表明，核桃油能够改善脑缺血、促进睡眠、抗疲劳和提高记忆力。

● 优质核桃油口感清新淡雅，无刺激口感，天然温和。若核桃油出现异味或者刺激口感，说明此核桃油不宜食用。

● 核桃油由于富含多不饱和脂肪酸，容易氧化变质，开盖后须在 1 ～ 2 个月内食用完。核桃油用于凉拌、炒菜、煲汤、清蒸均可，在日常炒菜时，建议热锅冷油，烹饪时间短，最大限度地保护营养成分。

为了保持健康体型，不敢沾一点油脂？但是你知道吗，有一种油，有减脂作用哦～这就是我们今天的主角——"甘油二酯"食用油！

$$CH_2OCOR_1$$
$$HO—C◄—H$$
$$CH_2OCOR_2$$

sn-1,3-DAG

甘油二酯（Diacylglycerol, DAG）是油脂中的一种成分，在大多数动植物油脂中含量都较低。近年来发现，膳食DAG具有减少内脏脂肪、抑制体重增加、降低血脂的作用，因而受到广泛的关注[*]。

甘油二酯
(Diacylglycerol, DAG)

居然真的轻了。

DAG

DAG

DAG

*Prabhavathi Devi B. L. A. , Gangadhar K N, Prasad R B N, et al. Nutritionally enriched 1,3-diacylglycerol-rich oil: Low calorie fat with hypolipidemic effects in rats[J], Food Chemistry, 2018, 248: 210-216.

甘油二酯油按照制备原料不同可分为核桃油甘油二酯油、花生油甘油二酯油、大豆油甘油二酯油等，其中以核桃为原料更富有营养。

按照食用油中甘油二酯含量可分为 50%DAG 含量甘油二酯油、80%DAG 含量甘油二酯油等。

甘油三酯

我们日常摄入的油脂通常是甘油三酯为主导成分的甘油三酯油，在摄入消化后转化为甘油三酯乳糜微粒，储存或囤积在脂肪细胞中，加重人体代谢负担。

一不小心就吃胖啦！

乳糜微粒

不同于甘油三酯，甘油二酯在消化后不易形成甘油三酯乳糜微粒，代谢产物脂肪酸进入静脉循环，在肝脏内氧化分解，不会作为脂肪储存。

甘油二酯

$$CH_2OCOR_1$$
$$CHOCOR_2$$
$$CH_2OH$$

1(3),2-DAG

$$CH_2OCOR_1$$
$$CHOH$$
$$CH_2OCOR_2$$

1,3-DAG

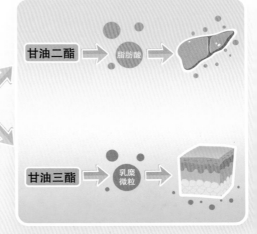

甘油二酯与甘油三酯的代谢差异使甘油二酯可以改善糖、脂代谢过程。甘油二酯摄入后的吸收量与甘油三酯相近，热值远低于甘油三酯，因此摄入甘油二酯得到的能量值远低于甘油三酯，低热量的甘油二酯摄入保证了人体代谢负担较小，甘油二酯食用油在减肥、降血脂、防止心血管疾病等方面都具有较好的功效。

DAG 的制备大多以动植物油或甘油与脂肪酸为原料，通过水解、酯化、转酯化、酸解、醇解等反应方式实现，可以制备出不同 DAG 含量的产品。常用的 DAG 制备方法有三种：水解法、甘油解法与酯化法。

酯化法

水解法

甘油
解法

含量有点低呀～

水解法是最简便的制备 DAG 的方法，以精炼动植物油为原料选用 sn-1,3 位特异性脂肪酶对动植物油脂进行水解反应，通过控制水解程度得到富含 DAG 的产品，此法制得的油脂中 DAG 含量通常低于 60%。

制约太多了，堪比耍杂技呀～

酶制剂类型

脂肪酶位置选择性

溶剂

甘油解法采用精炼动植物油脂与甘油为底物，在溶剂或无溶剂体系下，采用游离酶或固定化酶进行甘油解反应，此方法受酶制剂类型、溶剂、脂肪酶位置选择性等条件制约因素较大，制备出的 DAG 含量通常在 50% ～ 85%。

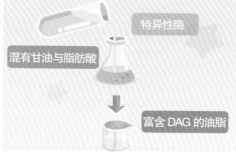

特异性酶

混有甘油与脂肪酸

富含 DAG 的油脂

酯化法则是以甘油与脂肪酸为底物，通过具有 sn-1,3 位特异性的脂肪酶或偏甘油酯脂肪酶通过酯化反应得到富含 DAG 的油脂，此法制得的 DAG 含量可以高达 90% 及以上，尤其是通过偏甘油酯脂肪酶酯化制得的 DAG 油脂，其 DAG 含量可达到 97% 及以上。

导购小贴士

在日常选购核桃油甘油二酯食用油时，首先查看产品标签，是否有 SC 标志、生产日期、保质期等内容。

其次查看核桃油甘油二酯食用油中 DAG 含量，可综合考虑价格、含量、喜好、使用场景等因素，选用 50%、80% 等不同 DAG 含量的核桃油甘油二酯食用油。

注意保存，别让太阳直晒哦～

核桃油甘油二酯食用油不仅同核桃油一样，富含亚麻酸、α-亚麻酸等多不饱和脂肪酸，还具有减少内脏脂肪、抑制体重增加、降低血脂的作用。但易氧化，因此选购时建议购买小包装，且开盖后在避光、阴凉条件下保存。

核桃油甘油二酯食用油可应用于不同的使用场景，如凉拌、沙拉、烹煮等烹饪方法，也可作为保健品少量食用。

热锅冷油，给家人锁住营养～

不建议将核桃油甘油二酯食用油进行长时间高温煎炸。

本章小贴士

- 甘油二酯（Diacylglycerol, DAG）是油脂中的一种成分，具有减少内脏脂肪、抑制体重增加、降低血脂的作用，因而受到广泛的关注。核桃油甘油二酯食用油是指以核桃油为原料制备的甘油二酯油。

- DAG 的制备大都以动植物油或甘油与脂肪酸为原料，常用的 DAG 制备方法有三种：水解法、甘油解法与酯化法。

- 甘油二酯油按照制备原料不同可分为核桃油甘油二酯油、花生油甘油二酯油、大豆油甘油二酯油等。按照食用油中甘油二酯含量可分为 50%DAG 含量甘油二酯油、80%DAG 含量甘油二酯油等。

- 我们日常摄入的油脂通常是甘油三酯为主导成分的甘油三酯油，在摄入消化后转化为甘油三酯乳糜微粒，储存或囤积在脂肪细胞中，加重人体代谢负担。不同于甘油三酯，甘油二酯在消化后不易形成甘油三酯乳糜微粒，代谢产物脂肪酸进入静脉循环，在肝脏内氧化分解，不会作为脂肪储存。

- 甘油二酯可以改善糖、脂代谢过程，同时在减肥、降血脂、防治心血管疾病等方面都具有较好的功效。

- 核桃油甘油二酯食用油不仅同核桃油一样，富含亚麻酸、α-亚麻酸等多不饱和脂肪酸，但易于氧化，因此选购时建议购买小包装，且开盖后在避光、阴凉条件下保存。

- 核桃油甘油二酯食用油可应用于不同的使用场景，如凉拌、沙拉、烹煮等烹饪方法，也可作为保健品少量食用。不建议将核桃油甘油二酯食用油进行长时间高温煎炸。

- 在日常选购核桃油甘油二酯食用油时，可综合考虑价格、含量、喜好、使用场景等因素，选用 50%、80% 等不同 DAG 含量的核桃甘油二酯油。

大家好呀！
根据最新的《中国居民膳食营养素参考摄入量（2023 版）》推荐：健康成年男性和女性每日膳食摄入蛋白质分别为 60 克和 50 克，今天你吃够了吗？

营养摄入不全面

只食用单一种类的蛋白质也会缺少某些蛋白质成分哦～
在日常饮食之外，聪聪还喜欢吃核桃。核桃蛋白与其他种类的
蛋白有所不同，其中含有很多其他植物和动物蛋白中所不含有
的人体所必需的氨基酸。

核桃蛋白具有抗氧化降血压和改善记忆等功能

美白抗老

降低血压

过目不忘

它主要来自核桃仁和核桃榨油后的核桃粕，含量分别为：
14%～17%、44%～54%。

14%～17%

核桃仁

44%～54%

核桃粕

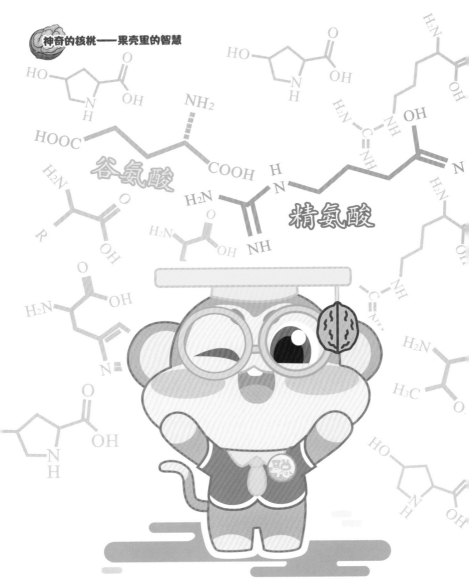

谷氨酸

精氨酸

核桃蛋白中含有 8 种必需氨基酸和 10 种非必需氨基酸，前者中含量最高的是谷氨酸和精氨酸，这与人类氨基酸模式相似，易于被人体吸收利用。

核桃蛋白的生产，主要采用碱溶酸沉法、研磨物理分离法等方法。碱溶酸沉法是将脱脂后的核桃饼粕在碱性溶液中溶解后，使用酸性溶液调整到酸性条件下使核桃蛋白析出，生产成本低。此方法存在溶剂残留的情况，可能会对环境造成污染。且在前期核桃仁的种衣脱除过程中，采用浸泡处理后热烘干，一定程度上导致蛋白质变性，影响核桃蛋白的生物利用效果。

蛋白质

酸性溶液

研磨物理分离法是将核桃仁直接低温高速研磨后，根据不同物料比重，采用离心分离设备将核桃仁的种衣和碎仁分离，再使用低温压滤设备进行挤压脱脂，生成核桃蛋白。该方法全程低温控制，全部采用物理方法处理，最大程度保证营养品质，蛋白质品质较高，且无溶剂残留，生产环节绿色无污染。

嗡嗡～

嗡嗡～

嗡嗡～

嗡嗡～

离心分离设备

谷蛋白
（70.1%～72.0%）

球蛋白
（15.7%～17.6%）

清蛋白
（6.8%～7.5%）

醇溶蛋白
（4.7%～5.5%）

核桃蛋白分为四类

核桃蛋白中含量最高的谷蛋白具有较好的起泡性和乳化性，但溶解性差。球蛋白乳化稳定性较好，含量低的清蛋白和醇溶蛋白是良好的抗氧化剂。

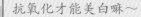

抗氧化才能美白嘛～

导购小贴士

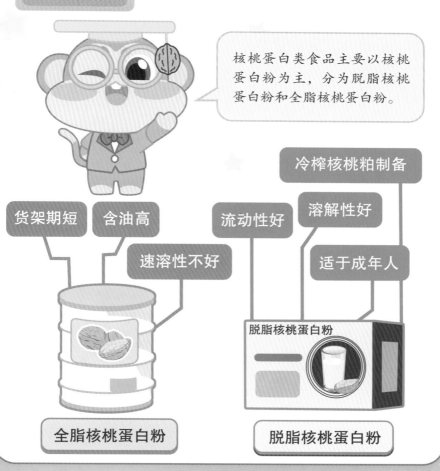

核桃蛋白类食品主要以核桃蛋白粉为主，分为脱脂核桃蛋白粉和全脂核桃蛋白粉。

冷榨核桃粕制备

货架期短　含油高

速溶性不好

流动性好　溶解性好

适于成年人

脱脂核桃蛋白粉

全脂核桃蛋白粉　　　脱脂核桃蛋白粉

选购时需注意：全脂核桃蛋白粉含油高，货架期短，速溶性不好。脱脂核桃蛋白粉主要采用冷榨核桃粕制备，具有较好的流动性和溶解性，主要适于成年人食用。

根据自身情况选择合适类型的核桃蛋白产品更有利于身体健康哦~

按需选择

按照《食品安全国家标准　食品加工用植物蛋白》（GB 20371—2016）的相关规定，100 克核桃蛋白粉中蛋白质含量应不低于 40 克，购买时应注意营养成分表中的蛋白质含量标注是否符合国家标准。

鉴于核桃中含油量较高，每天食用 2 ～ 3 个 10 克大小的核桃即可，这也符合大豆及坚果类摄入量的建议范围。

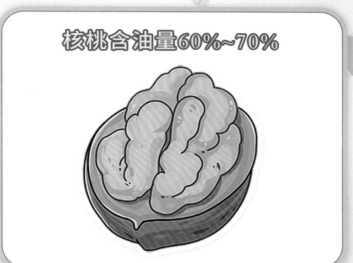

核桃含油量60%~70%

油 25 ～ 30 克、盐 <6 克

奶及奶制品 300 克
大豆及坚果类 25 ～ 35 克

畜禽肉 40～75 克
水产品 40～75 克
蛋类　 40~75 克

蔬菜类 300～500 克
水果类 200～350 克

谷类薯类及杂豆 250～400 克
水 1700 毫升

中国居民平衡膳食宝塔（2022）

本章小贴士

- 核桃蛋白主要来自核桃仁和核桃榨油后的核桃粕，含量分别为 14%～17%、44%～54%。除日常饮食中的蛋白质外，核桃蛋白也可作为强化营养食品摄入。

- 核桃蛋白的生产，主要采用碱溶酸沉法、研磨物理分离法等方法。其中研磨物理分离法生产环节绿色无污染。

- 核桃蛋白组成为：清蛋白（6.8%～7.5%）、球蛋白（15.7%～17.6%）、醇溶蛋白（4.7%～5.5%）和谷蛋白（70.1%～72.0%）。其中，球蛋白乳化稳定性较好，含量低的清蛋白和醇溶蛋白是良好的抗氧化剂。

- 核桃蛋白中含有 8 种必需氨基酸和 10 种非必需氨基酸，含量最高的是谷氨酸和精氨酸。核桃蛋白具有抗氧化、降血压和改善记忆等功能。

- 核桃蛋白类食品主要以核桃蛋白粉为主，分为脱脂核桃蛋白粉和全脂核桃蛋白粉。全脂核桃蛋白粉含油高，货架期短，速溶性不好。脱脂核桃蛋白粉主要采用冷榨核桃粕制备，具有较好的流动性和溶解性，主要适于成年人食用。

第七章　核桃肽

"多维营养脑黄金"

阿尔茨海默病——老年期痴呆最常见的一种类型，患者往往会失去绝大多数的记忆，思维呆滞，最终丧失独立性，严重者甚至会导致死亡。

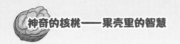

目前没有有效治愈阿尔茨海默病的方法，仅可做到延缓症状或控制伴发的精神病理症状，提前预防成为减少发病率的主要方式。

锻炼身体

健康饮食

关注心血管健康

改善睡眠

保持社交

学习新知识、新技能

压力管理

服用健脑物质

目前医学总结出的预防方法主要有以下这些……

其中，有一种在我们日常生活中就可以简单获取的健脑物质——核桃肽。

核桃肽又称"多维营养脑黄金"，是由核桃蛋白经水解而获得的具有生物活性功能的一类物质，根据分子量和所含氨基酸数目分为核桃多肽与核桃寡肽。

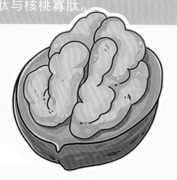

它所含氨基酸种类齐全，含有人体所需的 8 种必需氨基酸，各氨基酸之间的比例合理均衡，对人体生理作用有着重要功能的谷氨酸、天冬氨酸、精氨酸含量均较高。

谷氨酸

精氨酸

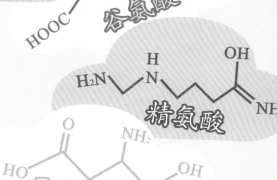

天冬氨酸

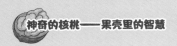
因此核桃肽具有多种功效，其中包括：

① 益智健脑，促进大脑发育。

② 抗氧化，延缓衰老。

越活越年轻了～

③ 迅速消除肌肉疲劳，增强耐力，提高血红蛋白再生的能力。

我还能再做二十个～

④ 降血压、降血脂*。

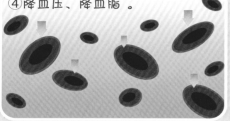

⑤ 预防阿尔茨海默病**

*门德盈，代佳和，汤木果，等. 核桃肽制备及生物活性的研究进展 [J]. 食品科学，2022,43(23):367-376.

**MALEKI S, RAZAVI S H. Pulses' germination and fermentation:two bioprocessing against hypertension by releasing ACE inhibitory peptides[J]. Critical Reviews in Food Science and Nutrition, 2021,61(17): 2876-2893.

核桃肽冲调宜用温水，建议在餐后服用，服用后喝一到两杯白开水。目的是加速体内的毒素排出，更好地发挥核桃肽的作用。服用核桃肽后，3个小时之内尽量不要喝浓茶、咖啡等刺激性饮品。

多喝热水

茶

核桃肽通过对核桃蛋白进行不同程度的分解，将其肽段释放，经过分离、纯化、富集等步骤获得。

核桃肽的制备主要有化学法、酶解法、发酵法等。

化学法是在特定温度条件下，通过化学试剂将连接氨基酸的肽链断裂，使蛋白质分子形成小分子肽的方法。包括酸水解法和碱水解法。

小分子肽

酸水解法　　碱水解法

酶解法是通过合适的蛋白酶酶促水解蛋白质中的肽键，使大的蛋白质分子水解为小片段肽和氨基酸。蛋白酶具有特异性、高效性、反应条件温和、反应过程易控制和营养损失少、无有害物质产生等优点，被广泛应用于制备核桃肽。

发酵法是利用微生物产生的酶水解蛋白质，是制备核桃肽的一种方法，属于酶解法大类。目前，发酵法主要分为液态发酵和固态发酵。

核桃

预处理

核桃粕

提取

我就是专门干这个哒！

水解

核桃蛋白质

特异性酶

水解

水解产物

分离提纯

核桃肽类物质

核桃肽生产有着非常重要的核心技术，其技术的核心是要把核桃里的油脂、嘌呤、皂苷等物质抽除，如果没有抽除处理，过量食用核桃肽（超过20克）就会引起中毒，甚至死亡。

抽除处理

抽除

油脂　　嘌呤　　皂苷

过量使用（超过20克）

叫…救护车～

根据产品形式，核桃肽可分为液体、固体和半固体。

常见的有核桃肽口服液

核桃肽固体饮料

核桃肽膏霜等多种产品

根据核桃肽的功效，常见的有抗氧化肽、益智肽、抗癌肽、抗菌肽等，且随着核桃肽功能性研究深入，功效性被挖掘，产品种类也更加丰富。

抗氧化肽

益智肽

抗癌肽

抗菌肽等多种生物活性

固体核桃肽饮品40℃以下可以速溶，溶解后表层无油层，无刺激性气味。购买时可以查询产品主要成分。化妆品中小分子核桃肽会快速被皮肤吸收。

本章小贴士

● 核桃肽又称"多维营养脑黄金"，是核桃蛋白经水解而获得的具有生物活性功能的一类物质。

● 核桃肽所含氨基酸种类齐全，含有人体所需的 8 种必需氨基酸，各氨基酸之间的比例合理均衡，对人体生理作用有着重要功能的谷氨酸、天冬氨酸、精氨酸含量均较高。核桃肽具有多种功效：①益智健脑，促进大脑发育。②抗氧化，延缓衰老。③迅速消除肌肉疲劳，增强耐力，提高血红蛋白再生的能力。④降血压、降血脂的作用。⑤预防阿尔茨海默病。

● 根据核桃肽的产品形式可分为：液体、固体和半固体，常见的有核桃肽口服液、核桃肽固体饮料、核桃肽膏霜等多种产品。根据核桃肽的功效，可分为抗氧化肽、益智肽、抗癌肽、抗菌肽等。

● 固体核桃肽 40℃以下可速溶，溶解后表层无油层、无刺激性气味。核桃肽冲调宜用温水，建议在餐后服用，服用后喝一到两杯白开水，加速体内的毒素排出，能更好地发挥肽的作用。

第八章　核桃植物奶
"美味食疗新宠儿"

"你好呀小伙伴，你问我在喝什么？嘿嘿，这是核桃植物奶哦～清甜醇香，可好喝啦，而且很有营养哦！"

核桃植物奶不是真的奶，而是一种色泽呈乳白色或微褐色的饮品，香味浓郁，以核桃仁及核桃仁制品为主要原料，添加食品辅料和食品添加剂，经加工、调配后制得的植物蛋白营养饮料。

按照核桃仁及核桃仁制品是否脱脂可分为全脂核桃植物奶和脱脂核桃植物奶两大类，前者是不脱脂的核桃仁经一系列加工形成的一种水包油型稳定乳液，后者是以脱脂核桃粕为原料制备的蛋白饮料。

发酵核桃植物奶是以乳酸菌为发酵剂制备而成的乳饮料，也是一类常见核桃植物奶。另外，复配核桃植物奶是以核桃仁及核桃仁制品为主要原料，添加如红枣、花生等辅料制备的乳饮料，口感丰富，十分美味哦～

核桃植物奶富含多种营养物质，如蛋白质、亚油酸、亚麻酸、烟酸、氨基酸、B 族维生素、磷、镁、铁、钠和碘等，且具有良好的抗氧化、抗衰老和益胃补脑等功效。

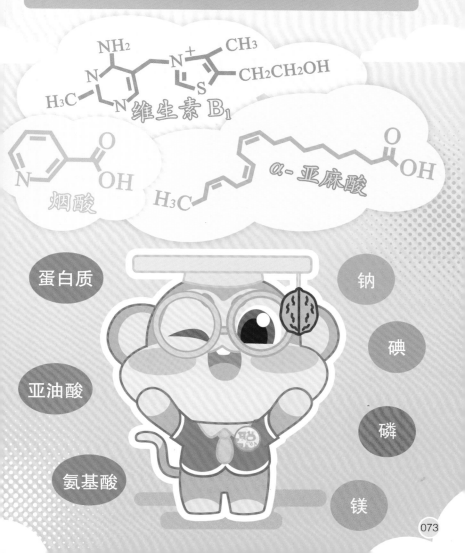

核桃仁种皮中的酚类物质不但会与唾液蛋白相互作用产生涩味，影响核桃植物奶产品的口感，而且会与蛋白结合产生凝集沉淀，降低核桃植物奶在货架期内的稳定性。

一下就沉淀了呢~

因此大型加工厂一般采用高压脱涩。去皮脱涩处理后的核桃仁用热水浸泡（75～85℃）后匀浆，收集匀浆处理后的粗浆进行过滤分离（100～150目滤布），收集滤浆加热（80～100℃）后加入辅料（如白砂糖、红枣和花生等）及食品添加剂（稳定剂、乳化剂和增稠剂等）混匀并进行两次均质（均质压力20～50 MPa），冷却后灌装灭菌（121℃，15～20分钟）即可得到最终的核桃植物奶产品。

核桃植物奶

核桃　　高压脱涩　　热水浸泡

成品　　灌装灭菌　　加入辅料　　滤浆

导购小贴士

消费者在选购前需重点关注核桃植物奶的定义、配料表、营养成分表及是否为活菌型产品。核桃植物奶的奶指的是乳液，而非牛奶产品或核桃风味饮料。

按照《植物蛋白饮料核桃露（乳）》（GB/T 31325—2014）中的要求，应关注配料表中去皮核桃仁的添加质量，其比例应大于 3%，且不得添加其他含有蛋白质和脂肪的植物果实、种子、果仁及其制品。

让我仔细看看～

此外，应关注营养成分表中蛋白质含量不少于 0.55 克 /100 克，亚油酸 / 总脂肪酸不少于 50%，亚麻酸 / 总脂肪酸不少于 6.5%。选购时需注意核桃植物奶是不是未杀菌（活菌）型产品，如果是活菌型产品则需要冷藏储存。

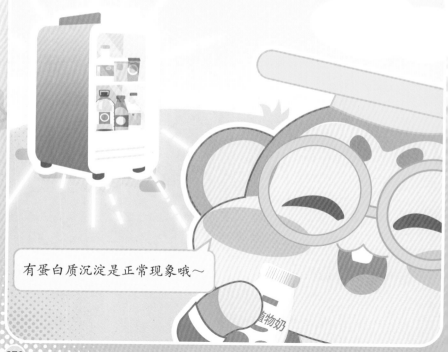

有蛋白质沉淀是正常现象哦～

植物奶

钙、铁吸收不好的人群宜多饮核桃植物奶，具有一定的食疗效果。脱脂核桃植物奶因具有低脂高蛋白的特点，适用于高血压和高血脂患者饮用。胃肠道功能不好的人群可以饮用发酵型核桃植物奶，其能够促进蛋白质、单糖、钙和镁等营养物质的吸收，且增加肠道有益菌群，改善人体胃肠道功能。

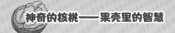

本章小贴士

● 核桃植物奶是一种呈乳白色或微褐色、香味浓郁的营养饮料，是指以核桃仁及核桃仁制品为主要原料，添加食品辅料和食品添加剂，经加工、调配后制得的植物蛋白饮料。

● 核桃植物奶富含多种营养物质，如蛋白质、亚油酸、亚麻酸、烟酸、氨基酸、B族维生素、磷、镁、铁、钠和碘等，且具有良好的抗氧化、抗衰老和益胃补脑等功效。

● 钙、铁吸收不好的人群宜多饮核桃植物奶，具有一定的食疗效果。脱脂核桃植物奶因具有低脂高蛋白的特点，适用于高血压和高血脂患者食用。胃肠道功能不好的人群可以食用发酵型核桃植物奶，其能够促进蛋白质、单糖、钙和镁等营养物质的吸收，且增加肠道有益菌群，改善人体胃肠道功能。

● 按照核桃仁及核桃仁制品是否脱脂可分为全脂核桃植物奶和脱脂核桃植物奶两大类，前者是不脱脂的核桃仁经一系列加工形成的一种水包油型稳定乳液，后者是以脱脂核桃粕为原料制备的蛋白饮料。

● 发酵核桃植物奶是以乳酸菌为发酵剂制备而成的乳饮料，也是一类常见核桃植物奶。另外，复配核桃植物奶是以核桃仁及核桃仁制品为主要原料，添加辅料（如红枣、花生等）制备的乳饮料，因口感丰富，深受消费者喜爱。

第九章　核桃仁种衣

"药苦总是难免的～"

小伙伴们，我们都亲手打开过核桃，你有没有好奇过，这包裹在核仁表面的黄色薄膜叫什么呀？

核桃仁种衣（核桃内种皮）

这是核桃仁种衣，学名为核桃内种皮（Walnut Kernel Pellicle），是包裹在核桃仁表面的一层薄膜，鲜核桃内种皮呈黄色或浅黄色，干制后发生一定程度的褐变。

核桃内种衣中含有大量的酚类、黄酮类、单宁类物质，具有一定的酸涩味。特别是酚类物质会与唾液蛋白相互作用产生涩味，影响核桃加工产品的口感，所以在核桃加工产业内种衣常被当作废弃物处理。

酚类

黄酮类

单宁类物质

核桃中多酚类物质主要都集中在内种衣里，可有效地防止核桃仁中的油脂酸败，不仅在核桃果实的整个生长发育过程中起到至关重要的作用，还影响其采摘后品质的稳定。研究表明，核桃仁中90%抗氧化活性物质都集中在核桃内种衣中。

油脂酸败

核桃内种衣含有丰富的酚类化合物，LC-MS 分析发现含有 119 种多酚类化合物，主要为鞣花酸、没食子酸、没食子酸甲酯和胡桃苷等酚类物质，其中没食子酸含量最高，阿魏酸含量最少。除此以外，还含有少量异小木麻黄素、长梗马兜铃素、木麻黄宁等功效性多酚类化合物。

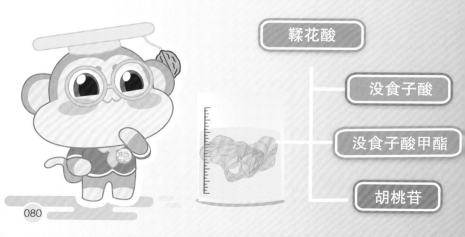

鞣花酸

没食子酸

没食子酸甲酯

胡桃苷

核桃内种衣酚类物质的抗氧化性，比相同条件下的天然抗氧化剂维生素C有明显优势，有着开发具有天然强抗氧化活性的食品或者配料的潜力。

增味剂

单宁酸

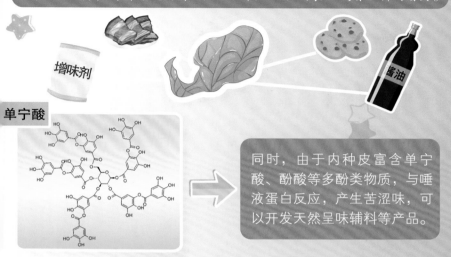

同时，由于内种皮富含单宁酸、酚酸等多酚类物质，与唾液蛋白反应，产生苦涩味，可以开发天然呈味辅料等产品。

核桃内种衣多酚含量丰富，具有调节血脂和血糖、抑制酪氨酸酶活性、抑菌、抗氧化及抑酶活性的作用，为抗衰老等保健产品的开发也提供了一个方向。

没食子酸

多羟基黄烷-3-醇

核桃内种衣在《神农本草经》中记述：性温、味甘、无毒，有健胃、补血、润肺、养神等功效。其皮含有锌、锰、铬等人体不可缺少的微量元素，能抗衰老、促进葡萄糖利用、促进胆固醇代谢和保护心血管。因此目前内种衣大多以药用食物单独食用。

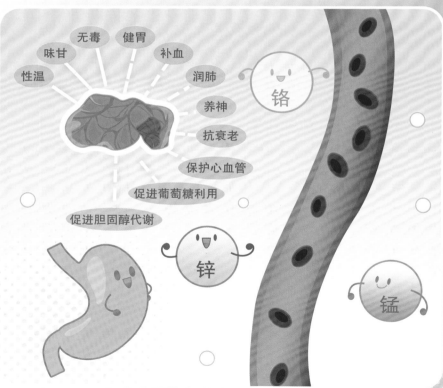

性温　味甘　无毒　健胃　补血　润肺　养神　抗衰老　保护心血管　促进葡萄糖利用　促进胆固醇代谢

铬　锌　锰

目前核桃内种衣制备方式有许多，例如：液氮急冻法、水泡法、碱煮法、烘烤法、干法脱皮、真空冷冻干燥法、盐液浸渍去皮法、物理研磨分离法等，常规生产会利用超声辅助和微波加热辅助与水泡法和碱煮法复合使用。

液氮急冻法　盐液浸渍去皮法　碱煮法　超声辅助　烘烤法　水泡法　微波加热辅助　干法脱皮　真空冷冻干燥法　物理研磨分离法

内种衣制备方法中，液氮急冻去皮效果好，核仁品质稳定，环境污染小、内种衣酚保留完整，但成本高。水泡法、碱煮法、烘烤法均对核桃仁中的营养成分产生一定影响。干法脱皮生产效率较低。物理研磨分离法是将核桃仁直接低温高速研磨后，根据物料比重不同，利用离心分离设备将核桃仁的内种衣和碎仁分离，分离效果较好。

离心分离设备

本章小贴士

- 核桃仁种衣是包裹在核仁表面的一层薄膜，鲜核桃内种衣呈黄色或浅黄色，干制后发生一定程度的褐变。

- 核桃仁种衣（核桃内种皮）含有丰富的酚类化合物，LC-MS 分析发现含有 119 种多酚类化合物，主要为鞣花酸、没食子酸、没食子酸甲酯和胡桃苷等酚类物质，其中没食子酸含量最高，阿魏酸含量最少。除此以外，还含有少量异小木麻黄素、长梗马兜铃素、木麻黄宁等功效性多酚类化合物。

- 核桃内种皮在《神农本草经》中记述：性温、味甘、无毒，有健胃、补血、润肺、养神等功效。其皮含有锌、锰、铬等人体不可缺少的微量元素，能抗衰老、促进葡萄糖利用、促进胆固醇代谢和保护心血管。

第十章 核桃分心木
"养肾好帮手"

小伙伴们大家好呀，和大家聊了这么多与核桃有关的小知识，不知不觉就到了本书的末尾啦，最后一章，我们来了解核桃中心的独特构造——核桃分心木。

核桃分心木（Diaphragma Juglandis Fructus，以下简称分心木）为核桃果核内的木质隔膜，又名胡桃衣、胡桃夹、胡桃隔、核桃隔等，呈棕色或浅棕褐色，呈薄片状，多弯曲，质量轻且易折断，形状不规则，苦涩，占核桃总质量的 4% ～ 5%。

分心木　　　　　　胡桃夹

胡桃衣　　　　　　胡桃隔

分心木含有多种化学成分，其提取方法有多种，如回流提取、超声波辅助提取、微波辅助提取、酶辅助提取、超高压提取等，多采用乙醇作为提取溶剂。研究结果表明，分心木含有多糖、黄酮、酚类、皂苷、粗脂肪、粗蛋白及氨基酸等物质。

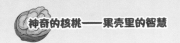

研磨入药

分心木自古是一味中药，始载于《山西中药志》，在《中国民间单验方》中有作为单味药和配伍使用的记载，也是经典名方清宫寿桃丸的配伍药物之一。木质隔膜呈薄片状，表面淡棕色至棕褐色，气微，味微苦。以块大、质薄、色黄为佳。性苦、涩，平。归脾、肾经，无毒。

肾虚良药

临床主要用于治疗腰膝酸软、肾虚、腹泻、失眠遗精、血尿和子宫出血等症。常见配伍：治肾炎：分心木 30 克，黄酒 2500 克。浸泡 10 分钟后，煮沸，去渣。每服 5 ～ 10 毫升。每日 3 次。（《全国中草药新医疗法展览会资料选编》）

现代营养学研究表明，分心木的单体活性成分主要为黄酮类、酚酸类、木素类、醌类以及甾体类等物质，具有良好的抗氧化、抗肿瘤、降血糖、抗菌、抗炎、镇定催眠作用。还具有一定的降脂、保护心肌细胞、改善肾虚等作用*。

抗肿瘤

降血糖

抗氧化

镇定催眠

抗菌

抗炎

没想到核桃居然能治腰啊！

*洪茜茜,叶永丽,张银志,等.核桃分心木化学成分及功能活性研究进展[J].食品研究与开发,2021,42(07):194–202.

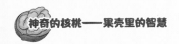

分心木常作为保健茶、酒、醋、汤料以及着色剂等原料，发挥其健脾补肾、利尿消肿、改善肾虚、降血糖血脂、抗氧化、抗衰老及抗疲劳等作用，也可以作为枕头填料，发挥镇静助眠作用。其改善黑色素沉积的功能可应用于化妆品行业。此外，分心木还可制成猫砂、燃料、活性炭、环保涂料、染料等。

本章小贴士

● 核桃分心木（Diaphragma Juglandis Fructus，以下简称分心木）为核桃果核内的木质隔膜，占核桃总质量的4%～5%，分心木自古是一味中药，始载于《山西中药志》，在《中国民间单验方》中有作为单味药和配伍使用的记载，也是经典名方清宫寿桃丸的配伍药物之一，具有涩精缩尿，止血止带，止泻痢之功效。

● 研究结果表明，分心木含有多糖、黄酮、酚类、皂苷、粗脂肪、粗蛋白及氨基酸等物质。其中单体活性成分主要为黄酮类、酚酸类、木素类、醌类以及甾体类等物质，具有良好的抗氧化、抗肿瘤、降血糖、抗菌、抗炎、镇定催眠作用，还具有一定的降脂、保护心肌细胞、改善肾虚等作用。

● 如今，分心木常作为保健茶、酒、醋、汤料以及着色剂等原料，发挥其健脾补肾、利尿消肿、改善肾虚、降血糖血脂、抗氧化、抗衰老及抗疲劳等作用。

参考文献

［1］阿迪拉·阿迪力.核桃酱的制备及其流体力学特性的研究［D］.乌鲁木齐：新疆农业大学，2016.

［2］曾诗榆，苏薇薇，王永刚.核桃分心木的研究进展［J］.药学研究，2021, 40(8): 524-527.

［3］陈冠男.陕西陇县核桃产业化发展战略与对策研究［D］.杨凌：西北农林科技大学，2018.

［4］陈楠，吴潇霞，夷娜，等.玫瑰核桃乳饮料的研制及香气成分分析［J］.食品研究与开发，2020, 41(19): 81-86.

［5］杜蕾蕾，郭涛，万辉，等.冷榨核桃饼中核桃蛋白的提取与纯化的研究［J］.粮油加工，2008(10): 79-81.

［6］付苗苗.核桃的营养保健功能及药用价值研究进展［J］.中国食物与营养，2014, 20(10)74-76.

［7］高盼，胡博，王澍，等.脱脂核桃蛋白粉制备工艺优化及其氨基酸组成［J］.中国油脂，2022, 47(9): 50-54.

［8］高盼.我国核桃油的组成特征及其抗氧化和降胆固醇功效评估［D］.无锡：江南大学，2019.

［9］高山，高娟娟，于佳，等.核桃果实功能因子研究现状［J］.内蒙古农业大学学报(自然科学版), 2022, 43(2): 115-120.

［10］顾欣，李迪，侯雅坤，等.核桃蛋白源血管紧张素转化酶抑制剂的分离纯化［J］.食品科学，2013, 34(9): 52-55.

［11］国家林业和草业局.中国林业和草原统计年鉴［M］.北京：中国林业出版社，2021.

［12］韩海涛，宴正明，张润光，等.核桃蛋白组分的营养价值、功能特性及抗氧化性研究［J］.中国油脂，2019, 44(4): 29-34.

［13］郝云涛，珠娜，李勇.核桃肽制备工艺的研究进展［J］.食品工业，2020, 41(5): 253-257.

［14］何薇，严成，熊雪媛，等.超高压提取核桃分心木总黄酮工艺及动力学模型研究［J］.食品工业科技，2017，38(21): 186-191.

［15］洪翔.手剥山核桃破壳机械及烘制自动控制系统的设计研究［D］.合肥：安徽农业大学，2011.

［16］金青哲，杜美军，杨云肿，等.甘油二酯油的代谢特性及营养价值［J］.粮食与油脂，2023，36(5): 40-43.

［17］李佳.发酵核桃乳乳酸菌的筛选、鉴定及性能研究［D］.石家庄：河北科技大学，2016.

［18］李俊南，习学良，熊新武，等.核桃的营养保健功能及功能成分研究进展［J］.中国食物与营养，2018，24(5): 60-64.

［19］李笑笑.核桃内种皮多酚的提取及核桃油与核桃蛋白粉的稳定性研究［D］.无锡：江南大学，2017.

［20］李圆圆.茶渣蛋白的酶法提取及功能性质研究［D］.无锡：江南大学，2013.

［21］连伟帅.甘油二酯、LML型结构脂的酶法制备与应用研究［D］.广州：华南理工大学，2019.

［22］刘静，黄慧福，刘继华，等.响应面优化核桃分心木多酚超声辅助提取工艺［J］.食品研究与开发，2020，41(23): 155-160.

［23］刘胜利，胡兵.核桃蛋白的制备工艺［J］.食品研究与开发，2010，31(10): 107-110.

［24］刘雅秀，王文科.核桃分心木功能成分研究进展［J］.现代农业科技，2019，751(17): 233-236，243.

［25］刘雨霞.不同核桃品种内种皮苦涩味物质差异研究［D］.晋中：山西农业大学，2021.

［26］毛晓英.核桃蛋白质的结构表征及其制品的改性研究［D］.无锡：江南大学，2012.

［27］门德盈，代佳和，汤木果，等.核桃肽制备及生物活性的研究进展［J］.食品科学，2022，43(23): 367-376.

［28］沈敏江，刘红芝，刘丽，等.核桃蛋白质的组成、制备及功能特性研究进展［J］.中国粮油学报，2014，29(01): 123-128.

［29］时羽杰，邬晓勇，糜加轩，等．核桃内种皮苦涩味品质代谢组学分析［J］.西北农林科技大学学报（自然科学版），2021, 49(6): 1-11.

［30］苏桂云，刘国通．核桃仁的功效［J］.首都食品与医药，2015, 22(11): 58.

［31］苏彦苹，赵爽，齐国辉，等．26份新疆核桃种仁蛋白质与氨基酸相关性分析［J］.中国油脂，2020, 45(6): 110-114.

［32］谭金燕，邓凡莹，黄玉荣，等．核桃分心木的化学成分研究［J］.山西中医药大学学报，2022, 23(3): 200-203.

［33］汤木果，陈芳，赵存朝，等．叶黄素核桃乳饮料的研制［J］.热带农业科学，2021, 41(12): 66-73.

［34］田粟，冯冬颖，姚奎章，等．核桃植物蛋白饮料改善记忆人群试食试验研究［J］.中国食品学报，2016, 16(3): 36-41.

［35］万政敏，郝艳宾，杨春梅，等．核桃仁种皮中的多酚类物质高压液相色谱分析［J］.食品工业科技，2007, 28(7): 212-213.

［36］王树芝．中国核桃的历史渊源、文化及发展［J］.农业考古，2022, 184(6): 14-23.

［37］王维婷，王青，金玉琳，等．即食核桃酱加工工艺研究［J］.食品研究与开发，2016, 37(11)62-65.

［38］王霄然．核桃内种皮废弃物的再生利用［D］.天津：天津科技大学，2017.

［39］王兴国．食用油与健康［M］.北京：人民军医出版社，2011.

［40］王雅宁，夏君霞，齐兵，等．带皮核桃仁制备核桃乳去涩工艺优化及产品品质研究［J］.中国食品添加剂，2023, 34(5): 158-167.

［41］郗荣廷，张毅平．中国果树志（核桃卷）［M］.北京：中国林业出版社，1996.

［42］邢颖，刘芳．超声波和纤维素酶法提取核桃分心木中的黄酮、多酚及其抗氧化活性分析［J].粮食与油脂，2020, 33(11): 111-115.

［43］徐素云．复合型核桃乳工艺及其品质特性研究［D］.贵阳：贵州大学，2015.

［44］许彬.白刺籽油微胶囊粉在核桃乳中的应用［J］.农产品加工，2023(6): 30-32.

［45］许欢欢，何爱民，吉洋洋，等.核桃的营养价值、保健功能及开发前景［J］.食品工业，2023,44(5): 342-346.

［46］闫艳华，樊艳坤.火麻仁核桃酱的研制与工艺优化［J］.中国调味品，2022,47(5): 150-154.

［47］张明霞，庞建光，王秀梅，等.河北山区常见坚果主要营养及活性成分分析［J］.食品工业，2020,41(7): 333-336.

［48］张庆祝，丁晓雯，陈宗道，等.核桃蛋白质研究进展［J］.粮食与油脂，2003(5): 21-23.

［49］张锐.新疆核桃资源的遗传多样性及系统进化研究［D］.武汉：华中农业大学，2010.

［50］张树华.发酵法制备绿豆肽［D］.济南：齐鲁工业大学，2014: 6-7.

［51］张旋，方晓璞，杨学华，等.我国不同产地核桃油与铁核桃油营养成分的分析比较［J］.中国油脂，2022,47(5): 60-64.

［52］张旋，孟佳，史宣明，等.核桃仁去种皮方法的探究与开发［J］.粮食与食品工业，2021,28(1): 16-19.

［53］张一格.核桃不同部位多酚的比较、消化特性及稳定性研究［D］.合肥：合肥工业大学，2021.

［54］张煜，孟佳，张旋，等.不同工艺制取核桃油的研究进展［J］.粮食与食品工业，2022,29(5): 1-3.

［55］张志华，裴东.核桃学［M］.北京：中国农业出版社，2018.

［56］赵鑫丹.核桃内种皮抗氧化成分的提取分离及其活性研究［D］.杨凌：西北农林科技大学，2021.

［57］中华人民共和国国家统计局.中国统计年鉴［M］.北京：中国统计出版社，2021.

［58］中华人民共和国国家卫生和计划生育委员会.WS/T 578.1—2017中华人民共和国卫生行业标准 中国居民膳食营养素参考摄入量 第1部分：宏量营养素.

［59］中华人民共和国国家卫生健康委员会，国家市场监督管理总

局 .GB 20371—2016 食品安全国家标准 食品加工用植物蛋白 .

［60］中华人民共和国国家质量监督检验检疫总局 , 中国国家标准化
管理委员会 .GB/T 31325—2014 植物蛋白饮料核桃露 (乳) .

［61］周鸿翔，田娅玲，柳荫，等 . 核桃蛋白酶解物体外抗氧化活性
及初步分离的研究［J］. 食品科技 , 2015, 40(12): 200-204.

［62］周晔，王伟，陶冉，等 . 超声波提取核桃内种皮多酚的响应面
优化及其抗氧化研究［J］. 林产化学与工业 , 2013, 33(4): 73-78.

［63］周晔 . 核桃内种皮多酚分析与抗氧化活性［D］. 北京：中国林
业科学研究院 , 2013.

［64］Arvind S N, Suaib L, Suchita S, et al. Antiproliferative and antioxidant
activities of Juglans regia fruit extracts [J]. Pharmaceutical Biology,
2011, 49(6): 669-673.

［65］Hou Y Q, Wu Z L, Dai Z L, et al. Protein hydrolysates in animal
nutrition: industrial production, bioactive peptides and functional
significance[J]. Journal of Animal Science and Biotechnology, 2017,
8(3): 513-525.

［66］Hu G S, Gao S, Mou D.Water and alcohol extracts from Diaphragma
Juglandis on anti-fatigue and antioxidative effects in vitro and vivo
[J]. J Sci Food Agric, 2021, 101(8): 3132-3139.

［67］Meng Q R, Li Y H, Xiao T C, et al. Antioxidant and antibacterial
activities of polysaccharides isolated and purified from Diaphragma
juglandis fructus [J]. Int J Biol Macromol, 2017, 105(Pt1): 431-437.

［68］Meng Q R, Wang Y Q, Chen F, et al. Polysaccharides from
Diaphragma juglandis fructus: Extraction optimization, antitumor,
and immune-enhancement effects [J]. Int J Biol Macromol, 2018,
(115): 835-845.

［69］Pycia K, Kapusta I, Jaworska G, et al. Antioxidant properties, profile
of polyphenolic compounds and tocopherol content in various
walnut(Juglans regia L)varieties [J]. European Food Research and
Technology, 2019, 245(3): 607-616.

［70］Ren D Y, Zhao F R, Liu C L. Antioxidant hydrolyzed peptides from manchurian walnut (Juglans mandshurica Maxim) attenuate scopolamine-induced memory impairment in mice [J]. Journal of the Science of Food and Agriculture, 2018, 98: 5142-5152.

［71］Shi M M, Piao J H, Xu X L et al. Chinese medicines with sedative-hypnotic effects and their active components [J]. Sleep Medicine Reviews, 2016, 29(3): 108-118.

［72］Sultana A, Luo H R, Ramakrishna S.Antimicrobial peptides and their applications in biomedical sector [J]. Antibiotics, 2021, 10(9): 1094.

［73］Trandafir I, Cosmulescu S, Botu M, et al. Antioxidant activity, and phenolic and mineral contents of the walnut kernel (Juglans regia L.) as a function of the pellicle color. Fruits, 2016. 71(3): 177-184.

［74］Wang S G, Su G W, Zhang X, et al. Characterization and exploration of potentia neuroprotective peptides in walnut (Juglans regia) protein hydrolysate against cholinergic system damage and oxidative stress in scopolamine-induced cognitive and memory impairment mice and zebrafish [J]. Journal of Agricultural and Food Chemistry, 2021, 69(9)2773-2783.